MW01676134

WITHDRAWN

TUALATIN PUBLIC LIBRARY
18878 SW MARTINAZZI AVE.
TUALATIN, OR 97062
MEMBER OF WASHINGTON COUNTY
COOPERATIVE LIBRARY SERVICES

MAR 1 6

Eduard Rodríguez Farré

Salvador López Arnal

Vacunas, ¿sí o no?

Eduard Rodríguez Farré
Salvador López Arnal

Vacunas, ¿sí o no?

Preguntas (y respuestas) más frecuentes

El Viejo Topo

© *Eduard Rodríguez Farré y Salvador López Arnal, 2015*
Edición propiedad de
El Viejo Topo / Ediciones de Intervención Cultural
Diseño: Miguel R. Cabot
ISBN: 978-84-16288-58-8
Déposito Legal: B-25022-2015
Imprime: Ulzama
Impreso en España

Para los científicos
comprometidos con
unas ciencias de la salud
al servicio de la ciudadanía

El día 1 de febrero de 1894, Roux, el del tórax estrecho, cara de halcón y gorro negro, entraba en la sala de diftéricos del hospital de niños llevando frascos de su suero ambarino y milagroso. En el despacho del Instituto de la calle Dutot, con un brillo en los ojos que hacía olvidar a sus deudos que estaba condenado a muerte, permanecía sentado un hombre paralítico que quería saber, antes de morir, si uno de sus discípulos había conseguido extirpar otra plaga; era Pasteur, en espera de noticias de Roux. Y en todo París, los padres y las madres de los niños atacados rezaban para que Roux se diese prisa, conociendo ya las curas maravillosas del doctor Behring, que al decir de las gentes casi resucitaba a los niños, y Roux se imaginaba a todas aquellas personas elevando hacia él sus manos implorantes.

Paul de Kruif (1890-1971)

ÍNDICE

Presentación

A mediados de 2015, el médico internista de Barcelona Fernando Cereto Castro escribió al Ministerio español de Sanidad y al Congreso de Diputados. Reflexionaba en su escrito sobre el calendario vacunal de los niños. En su opinión, debía ser de obligado cumplimiento. Pedía apoyos ciudadanos para conseguirlo. Veamos sus argumentos.

Recientemente, recordaba, un menor de 6 años había sido diagnosticado de difteria en Olot (provincia de Gerona) e ingresado en la UCI del Hospital Vall d'Hebron de Barcelona en estado muy grave (falleció el 27 de junio[1], pocos días después de la datación de la carta de Cereto). Fue el pri-

1. En otros niños, compañeros suyos de colegio, se detectó la presencia del bacilo diftérico. Pero no enfermaron al estar vacunados.

mer caso de difteria en España en tres décadas[2], una situación que pudo "haberse evitado si el menor hubiera recibido la vacuna contra esta enfermedad cuando le correspondía". Sus padres no le vacunaron; estaban en contra de las vacunas. Pudieron hacerlo porque el calendario está recomendado por el Ministerio de Sanidad, pero no es obligatorio. Debido a ello, sostenía FCC, el porcentaje de niños vacunados había disminuido progresivamente, al tiempo que habían irrumpido campañas de colectivos contrarios a la vacunación que además de no vacunar a sus hijos intentaban –y conseguían algunas veces– influir en la opinión pública, especialmente en determinados grupos sociales proclives a la aceptación y difusión de hipótesis y terapias que llevan anexas la etiqueta "medicina alternativa".

Cereto enfatiza en su escrito que el incumplimiento del calendario por una parte muy pequeña de la sociedad supone un grave riesgo para la salud de todos (y, por supuesto, para el propio colectivo disidente). Si la cobertura vacunal de una población desciende por debajo del 92%,

2. El primer caso detectado en Catalunya en 32 años.

porcentaje que de promedio otorga inmunidad de grupo[3], existe una probabilidad en absoluto despreciable de aparición de brotes de la enfermedad. Así ha ocurrido en el caso de varias enfermedades que estaban en vías de ser erradicadas en España. El sarampión y la tosferina están resurgiendo y cualquier brecha abre la posibilidad de repetir situaciones como las del menor contagiado de difteria.

Por otra parte, el consenso entre la profesión médica es prácticamente unánime en este punto: "las vacunas han tenido un impacto muy positivo en la salud pública y no seguir el calendario recomendado es una irresponsabilidad". Por todo ello, Fernando Cereto pedía al Ministerio de Sanidad, al Congreso de Diputados y a las Comunidades Autónomas que trabajaran conjuntamente para alcanzar la obligatoriedad de la vacunación entre los menores de edad.

Pocos días después de la publicación y difusión de la carta de Cereto, Eduard Antequera, presidente de la Asociación Ambientalista Ensalut, escribía en páginas de la red contra el llamamiento.

3. El porcentaje concreto depende del tipo de enfermedad y del vector transmisor.

Lo consideraba inadmisible. ATENCIÓN, señalaba en mayúsculas, "NO FIRMÉIS ESTA PETICIÓN". Desde su punto de vista el escrito era un intento desesperado por parte de la industria farmacéutica, en colusión con los gobiernos, "para conseguir implantar la vacunación de manera obligatoria", una excelente oportunidad para hacer negocio[4]. La escasa efectividad de las vacunas y los grandes riesgos para la salud humana, aseguraba Antequera, eran "bien conocidos por muchos científicos y médicos exentos de conflictos de intereses con la industria farmacéutica". Sólo tenemos que informarnos bien y añadía: "Teresa Forcades, por ejemplo, es una buena conocedora de esta problemática". Sin indicar sus fuentes, Antequera destacaba en su comentario que "el 80% de los casos de autismo" habían sido provocados por las vacunas, por la triple vírica (MMR), por la fracción antisarampionosa.

Pedía Antequera que sus lectores hicieran la máxima difusión de su advertencia. La buena infor-

4. Nos referiremos posteriormente a este tema. A fecha de hoy –la situación puede cambiar en el futuro– las vacunas están lejos de representar un porcentaje destacado en la facturación mundial de la industria farmacéutica.

mación y tener criterios adecuados eran, en su opinión, "las bases sobre las que construir nuestra libertad". Información adecuada y criterios válidos para saber a qué atenerse, una magnífica atalaya para tomar decisiones responsables que, por supuesto, hacemos nuestra.

No es la voz de Antequera una voz que clame aislada y sin apenas audición en el desierto. El actor Jim Carrey obró de modo muy parecido por esas fechas. A finales de junio de 2015, el gobernador de California decretó la ilegalidad de que los padres o tutores de alumnos de colegios públicos pudieran negarse a que sus hijos fueran vacunados. La vacunación pasaba a ser condición obligatoria para la escolarización pública. Carrey estalló con ira un día después del decreto en su cuenta de twitter con decenas de mensajes repletos de exclamaciones, numerosas mayúsculas e informaciones muy alejadas de la experiencia y conocimiento compartidos por muchos padres y madres de numerosos países del mundo. El actor norteamericano hablaba del fascismo corporativo de EEUU y vinculó una vez más, como había hecho en su escrito Eduard Antequera, las vacunas con el autismo.

Es muy probable, si bien por otros motivos, que

Carrey tenga buenas razones para alertarnos de las dimensiones y peligros de la primera de sus afirmaciones, la del fascismo corporativo en EEUU. Sin embargo, dudamos que tenga buenos argumentos e informaciones ajustadas para justificar la segunda relación, la vinculación vacunas-autismo, asunto sobre el que el cuidado y rigor de nuestras opiniones debería ser el mayor de los posibles si pensamos ante todo, como así debemos hacer, en las personas y familias afectadas. Los efectos colaterales de no hacerlo son conocidos: la desacreditación injustificada de la triple vírica provocó en 2003 en el Reino Unido un descenso del porcentaje de vacunación por debajo del umbral recomendado por los responsables y trabajadores sanitarios para mantener la inmunidad comunitaria.

La nada infrecuente acusación de que un elevado número de médicos en todo el mundo, especialmente en los países más desarrollados económicamente, están centralmente preocupados por sus propios intereses y no por la salud de todos, por la verdad (que ocultan y tergiversan sistemáticamente en opinión de estos críticos) y por la equidad y, sobre todo, al servicio generosamente recompensando de la cuenta de resultados de las grandes compañías farmacéuticas, se enfrenta a numerosas falsaciones. Entre ellas, los valores efectivamente asumidos, la honestidad y las actuaciones prácticas del día a día de un enorme número de trabajadores sanitarios en todo el mundo. Por otra parte, el enorme gasto que tendrían que realizar las corporaciones del sector para comprar, directa o indirectamente y de manera no puntual, un número tan enorme de voluntades haría que sus beneficios empresariales se resintieran de manera muy sustantiva. No es el caso, no se ha detectado hasta el momento ninguna preocupación en las empresas del sector.

En este marco intervenimos. El objetivo de este libro sobre vacunas es ayudar, ayudarnos entre todos, a situar adecuadamente un tema importante en un ágora informada, no dogmática, crítica, y abierta a la reconsideración de las propias opiniones. Para ello pretendemos transmitir informaciones contrastadas con la finalidad de defender la salud pública (es decir, la salud de todos nosotros), y especialmente, la salud de nuestros menores, sin que ello conlleve negar, anular o cuestionar nuestra capacidad responsable y social de decisión. Todo lo contrario: como no podía ser de otro modo, nuestras actuaciones familiares y sociales, la práctica de nuestra libertad, exigen rigor, buenas informaciones y decisiones prudentes. Excelentes personas, con las mejores intenciones, son contrarias a la vacunación y no han vacunado a sus hijos pensando que así obraban correctamente y en su beneficio. Sin dudar de sus precauciones ni intenciones, nosotros sostenemos que sus criterios no están bien fundamentados y que algunas de sus prácticas pueden representar un peligro para todos, especialmente para ellos y sus hijos.

Siendo conscientes de los intereses insaciables de la industria farmacéutica –lejos de nosotros cualquier duda al respecto– intentamos presentar en este libro informaciones correctas, conocimientos asentados y argumentos válidos que ayuden a sopesar con equilibrio nuestras opiniones, decisiones y prácticas, ya que se trata de un asunto que afecta a terceros indefensos, a la comunidad en su conjunto y, en algunas ocasiones, a ciudadanos de países con escasos medios y una muy antigua, profunda, constante e injusta explotación y marginación.

Deseamos que el libro sea útil a todos, y que sea leído, comentado y, por supuesto, criticado.

Agradecemos a la profesora de la UAB Montserrat

Ponsà su ayuda en la revisión del texto. Gerard Falcó nos ha ayudado en algunas dudas informáticas.

Gracias y buena lectura.

1

¿Qué son y qué peligro representan las enfermedades transmisibles?

Una enfermedad infecciosa es una manifestación clínica provocada por microorganismos –bacteria, hongo, virus, protozoo– o por priones (proteínas sin ácido nucleico que no son propiamente organismos vivos). Las enfermedades infecciosas se pueden propagar directamente a través de las secreciones, piel o mucosas de la persona infectada (así suele ocurrir en el caso de la gripe o de la difteria) o, indirectamente, a partir de la contaminación del aire, del agua, o de un alimento por el agente infeccioso. También pueden transmitirse a través de vectores intermediarios –el mosquito, por ejemplo, que vehicula la malaria– o por transferencia de líquidos corporales –la sangre de las transfusiones, las jeringas de uso compartido, etc.

En general, toda enfermedad infecciosa tiene tres etapas: el "período de incubación", el tiempo comprendido entre la entrada del agente en el organismo infectado y la aparición de los primeros síntomas (el agente patógeno puede multiplicarse y diseminarse por las zonas de ataque); el "período de desarrollo", en el que aparecen los síntomas y signos característicos y, si el paciente no fallece, el período de convalecencia, en el que se vence la enfermedad y el organismo se recupera. Ejemplos de estas enfermedades serían el carbunco (enfermedad causada por el ántrax), el cólera, la difteria, todas ellas bacterianas, y la fiebre amarilla, el dengue, la gripe, el sarampión, la varicela o là poliomielitis, que son víricas.

Para tomar conciencia de la peligrosidad de las enfermedades infecciosas vale la pena detenerse en analizar cúales son las principales causas de muerte en nuestro planeta[5].

Según la Organización Mundial de la Salud [OMS], en 2012 fallecieron en el mundo 56 millones de personas. Las enfermedades no transmisibles (es decir, las no infecciosas) causaron más

5. http://www.who.int/mediacentre/factsheets/ fs310/es/index2.html

del 68% de las muertes (un aumento del 13% comparado con el 60% registrado en el 2000). De este grupo, las cuatro principales son las enfermedades cardiovasculares, el cáncer, la diabetes y las neumopatías crónicas. Las transmisibles, maternas, perinatales y relacionadas con la nutrición causaron en conjunto un 23% de las muertes en el mundo; los traumatismos un 9%.

En números absolutos, 28 (casi el 75%) de los 38 millones de muertes por enfermedades no transmisibles ocurrieron en 2012 en países de ingresos bajos y medianos. En números relativos, la proporción mayor correspondió a los países de ingresos altos (el 87% de las muertes fue causado por enfermedades no infecciosas), seguidos por los de ingresos medianos-altos (81%). La proporción fue menor en los países de ingresos bajos (36%) y de ingresos medianos bajos (57%).

En los países de altos ingresos (por supuesto muy desigualmente distribuidos entre su población), 7 de cada 10 muertes ocurren en personas de 70 o más años y por enfermedades crónicas (cardiovasculares, cáncer, demencia, enfermedad pulmonar obstructiva crónica o diabetes). Las infecciones de las vías respiratorias bajas son la única causa infecciosa de defunción. Sólo el 1%

de muertes corresponde a niños y adolescentes menores de 15 años.

En cambio, y este punto es muy importante, en los países de ingresos bajos aproximadamente 4 de cada 10 muertes ocurren en niños menores de 15 años y tan solo 2 de cada 10 corresponden a personas de 70 años o más (la expectativa de vida es muy inferior). La causa predominante de defunción son aquí las enfermedades transmisibles. Las infecciones de las vías respiratorias bajas, la infección por el VIH/sida, las enfermedades diarreicas, el paludismo y la tuberculosis causan casi una tercera parte de las muertes.

En 2012, 6,6 millones de niños murieron antes de cumplir los 5 años. Casi todas estas muertes, el 99%, ocurrieron en países de ingresos bajos y medianos, la mayoría de ellas por causas infecciosas. El paludismo siguió siendo una causa destacada de muerte en el África subsahariana, donde le correspondió un 15% de las muertes de menores de 5 años.

La situación no ha cambiado prácticamente en estos últimos quince años. En un informe de la OMS de hace unos quince años, se afirmaba que las enfermedades infecciosas ocasionaban al año en todo el mundo 13,3 millones de fallecimientos, la segunda causa de muerte, el 25% del total. El 43% de los fallecimientos se produce en los países no desarrollados. Las infecciones eran la primera causa de muerte en la infancia y en la juventud, y eran las máximas responsables de la pérdida de años de vida por discapacidad. Cada hora morían unas 1.500 personas en el mundo a causa de estas enfermedades; la mitad de los fallecidos eran niños menores de 5 años.

La situación descrita es un punto esencial a tener muy en cuenta en nuestro tema sin olvidar, por supuesto, tampoco otras causas relacionadas con nuestro tipo de desarrollo social, nuestras estructuras socioeconómicas, las actuaciones efectivas de las corporaciones del sector, las políticas de los gobiernos y nuestras costumbres culturales: tabaquismo, accidentes de tráfico, contaminación química, enfermedades y accidentes laborales, etc.

Para el avance de la lucha de la Humanidad contra las enfermedades transmisibles en los países más desarrollados, y también en países pobres donde la salud pública es un asunto considerado importante (Cuba y Costa Rica son ejemplos conocidos), han sido esenciales los grandes avances alcanzados en higiene y alimentación, la mejora de nuestras condiciones de vida[6] y las políticas públicas de salud entre las que se incluye de forma destacada la vacunación. Conviene recordar que la única enfermedad que hemos conseguido erradicar de nuestro planeta ha sido la viruela, y la vacuna contra ella ha sido el arma decisiva para esta importantísima victoria sanitaria. Negar esta gran conquista sólo puede hacerse desde explicaciones poco o nada convincentes que no merecen y no deberían usar la palabra "alternativas". En absoluto lo son. Son más bien (pseudo)narraciones no sustentadas en ningún conocimiento objetivo y contrastado. Humo que solo sirve para confundirnos, que se transforma, cada vez con mayor frecuencia, en un procedimiento para obtener ganancias a costa de nuestras preocupaciones, nuestra credulidad y nuestra honradez y buena fe.

Si es bueno dudar de todo, como nos recomendaron hace algunos siglos Bacon y Marx, conviene dudar también de las soluciones fáciles y sin solidez, difundidas en la mayoría de los casos con

6. Que, desde luego, no alcanzan a una buena parte de la Humanidad y que, por otro lado, nunca son conquistas consolidadas.

retórica vacía, como confusas y aparentemente sofisticadas conjeturas, con acusaciones ad hominem, infundamentadas en la mayoría de los casos, y con escasísima o más bien nula contrastación y objetividad.

2

¿Qué es una vacuna?

Una vacuna es una preparación biológica que proporciona una inmunidad activa adquirida frente a una determinada enfermedad infecciosa. Contiene el microorganismo causante de la perturbación, atenuado o modificado.

Las vacunas se elaboran a partir de formas debilitadas o no viables del microbio, de sus toxinas o de alguna de las proteínas presentes en su superficie. El agente presente en la vacuna estimula el sistema inmunológico del organismo humano para que pueda reconocerlo como una amenaza, destruirlo y llevar un registro de esa amenaza de tal modo que pueda identificarlo y eliminarlo cuando lo encuentre posteriormente en su forma virulenta activa.

La administración de vacunas se llama vacunación. Su efectividad ha sido estudiada y verificada a lo largo de muchos años. Hasta el momento es el método más eficaz que tenemos de prevenir y luchar contra las enfermedades infecciosas.

La inmunidad generalizada en la población humana conseguida por la vacunación es la responsable de la erradicación mundial de la viruela (hablaremos de ello más adelante) y de la fuerte disminución de enfermedades como la poliomielitis, el sarampión o el tétanos en los países que la aplican. La OMS ha informado que existen actualmente vacunas autorizadas para prevenir o contribuir a la prevención y control de veinticinco enfermedades infecciosas.

Las vacunas se suelen clasificar en dos grupos según su forma de preparación: vivas atenuadas y vacunas inactivadas. Se administran por medio de una inyección o por vía oral. Pueden ser profilácticas (para prevenir los efectos de una futura infección) o terapéuticas (para curar o controlar el desarrollo de la enfermedad en individuos afectados, experimentales para el SIDA).

En relación a la vacuna de la viruela, el origen de la enfermedad se situa en Asia, probablemente en India o en China alrededor del 200 a. C. A a los pacientes que sufrían tipos leves de viruela en China se les recogían fragmentos de pústulas secas para molerlas, hasta conseguir una mezcla con aspecto de polvo que luego se les introducía por la nariz, esperando que con ello quedasen inmunizados.

Las vacunas, como hemos indicado, a veces no son organismos vivos. Lo que realmente importa es que contengan proteínas –antígenos– propias del microorganismo. De este modo, una vez inoculadas en nuestro organismo producen, a través de un mecanismo natural, anticuerpos (que también son proteínas) que interaccionan con las proteínas de los microorganismos causantes de la enfermedad, provocando la reacción del organismo en contra del agente patógeno. De este modo se consigue que el organismo vacunado esté preparado para cualquier ataque posterior del agente infeccioso, logrando que los microorganismos se conviertan en inocuos para la persona vacunada. Si nos enfrentamos a una infección por una bacteria, la de la difteria[7] por ejemplo, al primer contacto acabamos con ella si estamos

7. "El garrotillo" se llamaba años atrás. Los niños morían por insuficiencia respiratoria o por efectos de la toxina diftérica.

vacunados. Cuando nos enfrentamos a una enfermedad infecciosa y no estamos vacunados producimos igualmente anticuerpos, pero al cabo de un tiempo, y no todas las personas ni en toda circunstancia consiguen vencer o superar la patología infecciosa con la celeridad conveniente.

Existen varias enfermedades de las que hasta el momento no se han obtenido vacunas. No existen cuando nos enfrentamos a patologías causadas por microorganismos eucariotas[8], como por ejemplo el paludismo o la disentería amebiana.

Las vacunas contra los virus son un buen ejemplo a examinar. Existen vacunas antivirales altamente eficaces; la vacuna contra la fiebre amarilla es un buen ejemplo. Esta infección es muy grave, mortal en la mayoría de los casos. El virus es constante, un virus que se estudie ahora o dentro de diez años seguirá teniendo la misma composición proteica, un caso similar al virus de la viruela.

En 1950, cuando irrumpió por primera vez la idea de usar la vacuna diseñada en EEUU por el cien-

8. Son eucariotas las células que tienen su información genética encerrada dentro de una doble membrana que delimita el núcleo celular.

tífico de origen polaco Albert Sabin, fabricada con virus vivos atenuados contra la polio, algunos países se mostraron reticentes a admitir la nueva vacuna frente a la diseñada por el estadounidense Jonas Salk, que empleaba virus muertos. Las dudas se centraban en tres puntos: 1) al preparar una vacuna viva, ¿se podía evitar una contaminación accidental?; 2) ¿podía el virus vivo encontrar alguna manera de cambiar a una forma muy virulenta?, 3) ¿existía alguna posibilidad de que un tipo de virus, cuya inocuidad se había demostrado en los niños, pudiera provocar parálisis en adultos especialmente susceptibles?

En 1960 más de sesenta millones de personas fueron inmunizadas con la vacuna Sabin, la mayor parte de ellas ciudadanos de la entonces Unión Soviética. La vacuna se incorporó a una especie de pastilla azucarada en las que el virus vivo[9] sobrevive indefinidamente. Los defensores de la vacuna Sabin obtuvieron a partir de estos datos información suficiente para asegurar que la va-

9. La vacuna viva es ideal cuando se intenta prevenir la polio en un país en el que la salud pública esté en una situación relativamente deficiente y donde la parálisis esté confinada a los niños.

cuna era segura y que aquellos miedos estaban infundados. La experiencia realizada lo probó.

3

¿Cómo se obtuvieron las primeras vacunas?

La primera vacuna la obtuvo el médico Edward Jenner (1749-1823) en Inglaterra, a finales del siglo XVIII, a partir de la viruela que padecían las vacas, la llamada "viruela vacuna" (de ahí el nombre dado a estas preparaciones biológicas). Observando las pústulas que había en las ubres de esos animales, Jenner constató que las vaqueras que las ordeñaban no adquirían la enfermedad mientras que la población seguía sufriendo graves epidemias que mataban anualmente a millones de personas en el mundo.

La aportación de Jenner estuvo basada en observaciones empíricas. No existía entonces el concepto de virus ni el de bacteria. Fue a partir de una observación clínica. Jenner vio que las personas que ordeñaban las vacas presentaban pústulas parecidas a las de la viruela y que nunca padecían la enfermedad o, si ese era el caso, se presentaba de una forma muy atenuada. Se le ocurrió entonces, sin un fundamento teórico detrás, que inoculando líquido de las póstulas de las vacas a las personas podría provocarles la enfermedad vacuna y probablemente llegar a protegerlas de la viruela, tal como él había observado que pasaba con las vaqueras. El resultado fue tal como lo había pensado.

Tras el audaz paso de Jenner, la etapa siguiente fue la consolidación de la idea de que inoculando los "productos" –en aquella época se desconocía su definición– a una persona se podía prevenir la aparición de una enfermedad. Mucho tiempo despues se vio que las bacterias o virus se podían modificar de tal forma que resultasen inocuos, consiguiendo de este modo que el propio organismo produjera anticuerpos que previniesen de la infección.

Un siglo después, el químico francés Louis Pasteur desarrolló el suero contra la rabia y una serie de vacunas (ántrax, rabia,..). Fue entonces cuando irrumpió el gran momento creativo del conocimiento de los agentes causantes de las enfermedades infecciosas y del desarrollo de las vacunas. Fue la época de "los cazadores de microbios".

La primera arma verdaderamente eficaz contra una enfermedad infecciosa ha sido la vacunación, así como también la obtención de sueros con antitoxinas bacterianas (mucho antes del descubrimiento de los antibióticos). La vacunación ha sido el procedimiento científico que ha permitido eliminar la viruela y a punto estamos de erradicar otras enfermedades infecciosas (la poliomielitis, por ejemplo). Estos grandes éxitos se han alcanzado, además, sin un coste excesivo para los sistemas públicos de salud.

Algunos ejemplos

La poliomielitis o parálisis infantil, es una enfermedad infecciosa. Recibió el nombre de poliomielitis, palabra derivada del griego ("polio" significa gris; "myelos", médula), por las lesiones características que se podían observar en la médula espinal en la autopsia de los niños fallecidos. En 1916, EEUU fue azotado por una epidemia que afectó a más de 27 mil personas causando más de 6 mil muertos; en Nueva York, donde ese mismo verano murieron de poliomielitis unas 2.000 personas, se llegó a imponer una cuarentena.

La campaña mundial de erradicación de la polio puesta en marcha por la OMS en 1988 ha permitido reducir los casos en un 99%. Con palabras de la propia organización en el Día Mundial para la Erradicación de la Polio: "Más de 10 millones de personas que hoy pueden caminar no podrían hacerlo sin la vacuna, ya que hubiesen quedado paralizadas por el virus de la polio". Pero siguen siendo necesarios nuevos esfuerzos para su total erradicación. "Una vez la polio quede erradicada, el mundo podrá celebrar la llegada de un bien que beneficiará a toda la población por igual. Su erradicación en los próximos cinco años supondría un ahorro de entre 40.000 millones y 50.000 millones de dólares, especialmente en los países en vías de desarrollo"

La OMS ha señalado con razón que la erradicación depende de la voluntad política de los gobiernos y ha advertido de que un fallo en la aplicación de las últimas etapas de la estrategia contra la polio supondría la vuelta de la transmisión generalizada del virus (que sigue siendo endémica en Nigeria, Pakistán y Afganistán). "Un fallo en la erradicación de la enfermedad en estos últimos lugares de contagio podría resultar en hasta 200.000 casos anuales en todo el mundo en un plazo de diez años". La financiación y aplicación universal del programa "puede alcanzarse de forma rápida y realista para conseguir la erradicación total". Mientras tanto, en las zonas en las que se llevan a cabo campañas de vacunación, se pueden prestar otros servicios médicos, como la administración de vitamina A, que refuerza el sistema inmunitario frente a las infecciones y que, según la propia organización, ha permitido evitar la muerte de un millón y medio de niños.

A principios del siglo XXI la OMS consideró que la poliomielitis estaba a punto de ser erradicada del mundo dada la gran cobertura de vacunación. Tras la viruela, sería la segunda enfermedad extinguida. Pero el 5 de mayo de 2014 se tuvo que declarar una emergencia internacional por poliomielitis. El año anterior se observó la aparición de nuevos casos en zonas anteriormente libres, 4.601 en total. La OMS sitúa el origen de estos casos en Nigeria, debido a la disminución de la población vacunada a causa de conflictos políticos y militares. A partir de Nigeria se extendió a varios países (Camerún, Somalia, Etiopía, Siria, Pakistán y Afganistán). Hasta el momento, a mediados de 2015, sólo se han descrito 23 casos.

Algunas enfermedades infecciosas se resisten

más que otras a la obtención de vacunas. ¿Existen posibilidades de que se pueda obtener algún día una vacuna contra el SIDA? Cada vez hay más posibilidades de que se obtenga; depende de los avances en el conocimento de la biología del virus. El día en que se consiga una vacuna eficaz será la solución pero no debemos olvidar que ha habido vacunas que ha costado muchos años desarrollar y otras que una vez desarrolladas nunca han sido eficaces. No ha habido nunca vacunas contra la sífilis, por ejemplo.

Algo muy parecido ocurre con la tuberculosis. Existe una vacuna, pero es poco eficaz. Se llama BCG (de las siglas Bacilo Calmette Guérin). Se prepara a partir de extracto atenuado de *Mycobacterium bovis* –nombre científico del BCG– que ha perdido su virulencia en cultivos artificiales, manteniendo su poder antigénico. Hace tiempo, cuando se ingresaba en la facultad de Medicina, se vacunaba a los estudiantes con esa vacuna.

Justo es recordar que científicos españoles también pusieron su grano de arena en este tema. Recordemos el importante florecimiento de las actividades científicas en la época de la Ilustración española, durante la segunda mitad del siglo XVIII y principios del XIX, hasta la ocupación napoleónica (a partir de entonces muchos proyectos y sus potenciales avances se interrumpieron). La Real Expedición Filantrópica de la Vacuna, conocida usualmente como "la expedición Balmis"[10], se llevó a cabo en esos años y probablemente haya sido la primera expedición sanitaria internacional de la historia.

Un breve apunte sobre esta expedición, que partió del puerto de La Coruña el 30 de noviembre de 1803 y duró hasta 1814, dando la vuelta al mundo y llegando a Filipinas: se pretendía que la vacuna de la viruela alcanzase todos los rincones del entonces Imperio español, porque el virus estaba ocasionando una alta mortandad entre los niños. Carlos IV sufragó con fondos públicos a un médico de la corte, el doctor Francisco Javier Balmis, quien tenía una idea para conseguir una vacunación infantil masiva. Lo que se hizo para poder mantener

10. Se ha publicado recientemente una novela de Javier Moro sobre la expedición: *A flor de piel*, Seix Barral, Barcelona, 2015. En 2006, Julia Álvarez, una autora nacida en Nueva York, había publicado *Saving the World*: Chapel Hill, NC: Algonquin Books, USA 2006. Los dos libros tienen como protagonista a Isabel Zendal Gómez, la única mujer de la expedición filantrópica, la persona que estuvo a cargo de los niños.

en condiciones las pústulas de la viruela fue inocular la vacuna en la piel de un niño, que presentaba una erupción muy pequeña durante unos días, luego se le pasaba. De este niño se transmitía a otro y a través de estos niños, en forma de enfermedad muy atenuada por la inoculación de la vacuna, llegaba a América. Con este procedimiento se pudo vacunar a muchas otras personas.

La prevención de la viruela en América fue uno de los mayores avances en protección y prevención en medicina, un ejemplo que se estudia en los libros de texto de medicina de todo el mundo. Las grandes epidemias de viruela disminuyeron notablemente, aunque no todo el mundo llegó a estar vacunado.

La expedición Balmis fue uno de los primeros ejemplos de la contrastada eficacia de la vacunación sistemática.

4

¿La comunidad científica presenta opiniones divergentes o existe un acuerdo generalizado en este tema?

Podemos encontrarnos con algún médico o trabajador sanitario que no razone con rigor en este tema. Pero son una ínfima minoría. Es evidente que ante cualquier asunto, cuando hablamos de las opiniones de decenas de millares de personas, un subgrupo puede mantener una opinión contraria o muy matizada. Sin embargo, la eficacia y necesidad de las vacunas, su decisiva importancia en asuntos de salud pública, es un asunto aceptado de forma generalizada desde hace aproximadamente un siglo en las comunidades científicas y sanitarias de todos los países del mundo. Sin excepción. Las vacunas, la vacunación, es una de las armas más eficaces para prevenir enfermedades que hemos conseguido hasta el momento en medicina.

¿Existe alguna vacuna que sea cuestionada por sectores de la comunidad científica? No en principio. Podría considerarse una excepción la reciente vacuna del papiloma humano. Sigue estando en discusión por parte de algunos epidemiólogos y especialistas en salud pública la conveniencia de su introducción generalizada en niñas adolescentes. Sus dudas se ubican, por un lado, en que esta vacuna es efectiva tan sólo para algunas de las variedades del virus, las más frecuentes, y, por otro lado, en que han de transcurrir muchos años hasta que pueda comprobarse la incidencia de cáncer de cérvix en mujeres vacunadas y en no vacunadas.

Puede afirmarse, como sostienen algunos colectivos, que las vacunas y la vacunación son un asunto privado, que muy pocas personas están vacunadas de todo o, en el otro extremo, de nada, que si bien hay vacunas útiles es más que evidente que en los últimos años la industria farmacéutica ha presionado para que se incluyan más vacunas en los calendarios en contra de la opinión de muchos especialistas que sostienen que esas inclusiones no están justificadas.

Las respuestas a todos estos interrogantes no son afirmativas. La inmensa mayoría de especialistas están de acuerdo con la actual práctica de vacunaciones. Más aún: se desea disponer de nuevas vacunas que sean efectivas para vencer enfermedades infecciosas para las que actualmente carecemos de ellas. El SIDA, ya lo hemos comentado, es un ejemplo conocido al que se están dedicando muchos esfuerzos. También la malaria o el dengue, que se han resistido durante años a los esfuerzos investigadores.

Actualmente la investigación para encontrar vacunas también está recibiendo grandes ayudas de fondos privados. Que la industria presione en algunos casos –sería absurdo negar estas presiones– no implica que las vacunas no sean eficaces desde hace mucho tiempo. Aunque el agua potabilizada en algunos municipios –como desgraciadamente ocurre en Barcelona– esté privatizada y represente un negocio para empresas multinacionales, nadie puede negar su conveniencia y necesidad. De la misma forma, por analogía, deberíamos razonar en el caso de las vacunas.

La elaboración y venta de vacunas, excepto en casos puntuales, no es el rubro que más ingresos proporciona a la industria farmaceutica. En absoluto. Sus grandes negocios se ubican en los tratamientos crónicos o de enfermedades frecuentes.

El apartado "vacunas" apenas representa un 2% de su facturación global, aunque existen intentos, por parte de empresas del sector, de incrementar la importancia de la partida por medio de la introducción de vacunas obtenidas por biotecnología o biología molecular, más caras de elaboración y que pueden justificar, por tanto, un precio de venta más elevado.

La Comisión deontológica del COMB (Colegio Oficial de Médicos de Barcelona) se pronunció sobre lo sucedido en Olot. Algunos apartados de su escrito de julio de 2015 están relacionados con lo que estamos comentando.

La eficacia de las vacunaciones sistemáticas, señala la Comisión, está sobradamente demostrada, así como su beneficio para la salud pública. Es "una cuestión de evidencia científica irrefutable, no susceptible de interpretaciones alternativas de base ideológica no demostrable". Las vacunas sistemáticas son muy seguras, además. La relación beneficios/ riesgo es muy positiva. Maximizar algunos (muy pocos) casos excepcionales y hablar de efectos secundarios a largo plazo no demostrados es, desde su punto de vista, desinformar y crear una alarma social falsa y totalmente injustificada.

La Comisión recuerda que la libertad individual para tomar decisiones se debe "sopesar con mucho cuidado" cuando estas decisiones afectan a la salud de terceros. Justificar la actitud de los grupos antivacunación en base a los intereses económicos que puedan existir en el entorno sanitario no es argumento que pueda invalidar, bajo ningún concepto, la demostrada eficacia de las vacunas sistemáticas.

El deber de los médicos obliga a emplear todos los medios necesarios y disponibles para preservar la salud de las personas y a no usar procedimientos ni prescribir medicamentos o hacer recomendaciones que no estén basados en la evidencia científica clínica aun en el caso de que el paciente pudiera consentir. Obrar en sentido contrario sería inadmisible ética y científicamente.

La Comisión señalaba finalmente que los médicos que, públicamente o en ejercicio de la profesión, "desaconsejan las vacunaciones sistemáticas, sin la concurrencia de 'contraindicación justificada' vulneran las normas del código deontológico del Consejo del Colegio de Médicos de Cataluña". Por esa razón podían y debían ser acusados de mala praxis y podían por ello ser apartados de la profesión.

5

¿Para qué son efectivas las vacunas?

Las vacunas son efectivas para prevenir las enfermedades infecciosas, aunque no todas las enfermedades infecciosas, como hemos señalado, tienen vacunas. Que se obtengan vacunas depende en gran medida del tipo de microorganismo que se quiera combatir.

Hay que destacar, insistimos de nuevo, que gracias a las vacunas se han eliminado un conjunto de enfermedades que eran gravísimas hasta hace pocos años. Un médico joven, en nuestro país, no ha visto morir a niños de difteria, ni de tos ferina, ni de fiebres de Malta, ni de poliomielitis, ni de toda una serie de afecciones que eran muy corrientes en los años cincuenta, sesenta o incluso setenta del pasado siglo en nuestro país y en otros muchos lugares del mundo.

¿Qué es lo que ha resultado más eficaz y decisivo en relación a la salud pública en medicina en épocas recientes? Solemos pensar en los medicamentos. Pero, como también hemos comentado anteriormente, lo más eficaz que ha existido hasta el momento en medicina han sido las vacunaciones, las medidas higiénicas y la mejora de las condiciones de vida. Todo ello ha sido esencial para mejorar fuertemente la salud pública y la expectativa de vida. Enfermedades muy prevalentes han sido prácticamente eliminadas o convertidas en menores en los países en los que se aplican estas medidas. El tifus, el cólera, la tuberculosis, la malaria y tantas otras son algunos de los ejemplos que pueden citarse. Aunque por supuesto no hay que olvidar –el tema es decisivo social y humanamente– que algunas de estas enfermedades están rebrotando en la actualidad como consecuencia de la situación de degradación de las condiciones de vida de los sectores más desfavorecidos de nuestras sociedades y por las políticas públicas privatizadoras de la sanidad que algunos gobiernos impulsan, junto con la absolutamente inadmisible marginación o prohición, cuando es el caso, de atención sanitaria a ciudadanos migrantes.

En nuestro país había malaria todavía en los años 50 del pasado siglo. En el delta de Ebro, en los arrozales del Guadalquivir, en muchos lugares. Eliminando el vector de la enfermedad, el mosquito *Anopheles*, se eliminó la propia enfermedad. Fue el uso del maldecido DDT lo que permitió eliminarla y lo que también permitió acabar con el tifus exantemático[11]. De esta misma enfermedad hubo una última gran epidemia en España en los años 40.

Las medidas de higiene son medidas preventivas, necesarias sin duda. Pero desde un marco general, más constante, ha sido la vacunación lo que ha permitido eliminar todo un conjunto de enfermedades (la viruela, especialmente, que se ha erradicado) que hoy, prácticamente, sólo pueden verse en libros de patología, y en letra pequeña, en todos aquellos países que tienen medios y, sobre todo, voluntad política para aplicar estas medidas. En el caso de la difteria, si los padres, madres y tutores se convencen y permiten que sus hijos sufran unos pequeños pinchazos, en ab-

11. De exantema, una erupción de color rojizo que va precedida o acompañada de calentura, producida por un germen transmitido por el piojo corporal.

soluto peligrosos, se abrirán las mayores esperanzas de que en lo sucesivo esta enfermedad no sea tan mortífera como lo fue en el pasado.

6

¿Son obligatorias las vacunas?

Las vacunaciones son obligatorias en algunos países y en otros, como en España, no se exige la vacunación. En algunos estados de Estados Unidos, California por ejemplo desde mediados de 2015, no se puede matricular a ningún niño en los colegios públicos que no esté vacunado. Este modelo, exigir el certificado de vacunación para la escolarización, es el que se aplica en numerosos países.

Se afirma a veces que en España la vacunación es obligatoria, pero ese no es el caso. No pasa nada –aunque por supuesto puede pasar mucho– si a algún niño no se le vacuna.

Debemos recordar que las personas que no se vacunan están viviendo a expensas de las que sí se han vacunado. Es un comportamiento, una decisión, una práctica individual con repercusiones comunitarias muy nocivas. Como hemos visto, la Comisión deontológica del Colegio de Médicos de Barcelona se refería al necesario equilibrio entre la libertad individual y el peligro que algunas actuaciones pueden tener en terceros menores de edad y en la comunidad en su conjunto. Nuestros hijos son nuestros, por supuesto, pero no son una de nuestras propiedades. Tener hijos no equivale a tener un teléfono móvil, un televisor, un ipad, un vestido o un libro.

¿Tienen riesgo las vacunas? Si bien es muy pequeño, toda vacunación tiene un riesgo que depende de cada tipo de vacuna. En algunos casos se producen reacciones leves con cierta frecuencia. La mayor parte de estas reacciones adversas irrumpen en el lugar donde se ha hecho la inoculación. Surge un eritema, tenemos una inflamación, se puede incluso llegar a tener febrícula, dolores articulares, pero nada más.

Desde el punto de vista de la salud pública, una perspectiva esencial en este y en asuntos similares, no hay ni puede haber duda. No vacunar a las poblaciones produciría un desastre social de dimensiones incalculables. Volveríamos otra vez a la aparición de tasas importantes de morbilidad y mortalidad por enfermedades hoy desaparecidas de nuestro medio (tos ferina[12], tifus, poliomielitis, etc). En este caso no vale apelar, por sus consecuencias y por consideraciones sociales, a la fácil y casi pueril consideración de que cada uno haga lo que le apetezca y ya está. La libertad está asociada, debe estar asociada, a la responsabilidad social y a una información contrastada que fundamente nuestras decisiones.

De hecho, algunos críticos de la vacunación dicen defender también esos postulados, esa perspectiva crítica. Luego, por tanto…

12. La tos ferina, por cierto, es la única enfermedad bacteriana cuya prevención exige el uso de virus muertos. Costó años de trabajo producir una vacuna eficaz.

7

¿Son las ciencias de la salud "Ciencia Oficial"?

Existe una crítica frecuente en ambientes relacionados con lo que, erróneamente en nuestra opinión, suele denominarse medicina "alternativa". La medicina usual, afirman, sigue las directrices de gobiernos o de grandes corporaciones cuyas prácticas pueden (suelen incluso) transgredir muchas normas vigentes[13]. Los médicos, el personal sanitario en general, se dice que no tienen independencia real de criterio y actuación. Están al servicio de esos poderes.

13. Lejos de nosotros cualquier defensa corporativa. Tenemos consciencia, por ejemplo, de las graves prácticas fraudulentas, de dimensiones no del todo conocidas en el momento en que escribimos, de la multinacional Volkswagen, una de las primeras empresas automovilísticas de Alemania, Europa y el mundo.

No es así realmente.

En ningún departamento, centro de investigación o facultad de ninguna universidad conocida, se recibe un boletín oficial o unas directrices que obliguen a mantener una determinada posición. Por ejemplo, en el hospital en el que estamos mientras escribimos este libro, el Hospital Clínico de Barcelona, existen fuertes controversias en numerosos temas. En ciencia no existen dogmas, no debe haber dogmas. La ciencia y la dogmática son en general, no nos atrevemos a afirmar siempre y en todo lugar, ámbitos con intersección vacía. No son disciplinas afines ni complementarias. Así ha sido hasta ahora en la mayoría de los casos y, por supuesto, así debe seguir siendo en el futuro.

Esta forma de hablar, el uso de la noción "ciencia oficial" o "medicina oficial", no es correcta ni justa. La base "teórica" de muchos de los grupos y colectivos que se presentan como "medicina alternativa" es, en realidad, muy antigua. Sin que despreciamos ningún saber, sin que situemos la historia de las ciencias médicas en el baúl de lo olvidable e inútil, "medicina antigua", precientífica, sería una designación más adecuada para referirnos a estos colectivos.

La expresión medicina "oficial", tan en boga

(desde una mirada supuestamente muy crítica) en círculos que se autodenominan alternativos, colectivos con los que algunos ciudadanos de izquierda –o también de derechas– bienintencionados tienden a simpatizar, precipitada e ingenuamente en nuestra opinión, no es correcta.
Algunas veces se pregunta: “y la medicina oficial, ¿qué opina de este o aquel asunto?” Los científicos que no han renunciado a serlo, la gran mayoría, no siguen instrucciones de nadie. Ni de los gobiernos ni de las grandes multinacionales ni tampoco, si actúan con rigor y eticidad, de sus intereses particulares. La opinión que suelen dar, y que sin duda puede estar equivocada o ser incompleta en algún caso, es el criterio científico mayoritariamente aceptado por la comunidad de investigadores, los saberes y prácticas aceptados por la ciencia normal, en terminología de Thomas S. Kuhn. Pero el colectivo como tal, esta o aquella comunidad científica, los médicos madrileños o las médicos francesas por ejemplo, no recibe ninguna instrucción de ningún organismo, público o privado, sobre lo que tienen que decir. No habría ciencia, no se practicaría buena ciencia en esas circunstancias.
En ciencia, como es sabido, pero no sólo en cien-

cia, la libertad de investigación y la honestidad en la presentación de los resultados es muy importante, esencial en nuestra opinión. También en este ámbito la corrupción y el fraude son huevos de serpientes mortíferas.

Todo ello no es obstáculo para reconocer la dependencia que los grupos de investigación tienen de la financiación pública y privada. Desgraciadamente, esta última, que suele buscar resultados inmediatos en términos mercantiles, está adquiriendo un protagonismo creciente que puede entrañar –y entraña de hecho– graves peligros. Debemos superarlos, desde luego, a ellos debemos enfrentarnos. Un ámbito más –muy importante y a veces olvidado– del necesario combate y de la imprescindible participación crítica de la ciudadanía.

8

¿Cuál es la finalidad real de la industria farmacéutica: los negocios o la salud de las personas?

Richard J. Roberts y Phillip Allen Sharp fueron premiados con el Nobel por el descubrimiento en el campo de la genética de los intrones en el ADN eucariota y el mecanismo *gen splicing*, el corte y empalme de genes. En una entrevista de julio de 2007 publicada en *La Vanguardia,* Roberts expresó opiniones que nos parece razonable compartir. La investigación en salud humana no puede, no debe depender de la rentabilidad económica. Lo que es bueno para los dividendos de las corporaciones no siempre lo es para las ciudadanías. La industria farmacéutica, como cualquier otra industria privada, quiere servir a los mercados de capital.

Empero este tipo de industria no es, no debe actuar como cualquier otra industria (sin que en absoluto defendamos que en las otras industrias deba regir la consigna "todo vale" o "todo por la pasta"). Cuando se habla de corporaciones farmacéuticas estamos hablando de nuestra salud y de nuestras vidas, de la salud de nuestros hijos. Si pensamos sólo en beneficios, dejamos de preocuparnos por los seres humanos en su conjunto, especialmente por los más desfavorecidos.

La investigación en muchas ocasiones es focalizada, preferentemente, hacia el descubrimiento de medicinas para tratar enfermedades crónicas que afectan a amplios sectores de la población (hipertensión, diabetes, etc). La excepción, que existe, son aquellas enfermedades de amplia difusión pero que que afectan fundamentalmente a poblaciones pobres. El caso del paludismo es excelente ejemplo de ello. Los fármacos que adquirimos nos hacen experimentar una mejoría que, en el caso de las enfermedades crónicas, desaparece cuando dejamos de tomarlos. De ellos dependemos.

Un punto que no debemos olvidar a riesgo de confundirnos, un aspecto central de lo que estamos hablando, es que la industria farmacéutica ha generado muchos medicamentos de gran valor terapéutico, aunque no haya duda, nosotros no la tenemos, de la justificada perspectiva crítica de Richard J. Roberts. No debemos olvidar, por otra parte, que existe un estricto control público[14] que garantiza la eficacia y no toxicidad de los medicamentos en el mercado, que es por tanto un mercado altamente regulado.

Las corporaciones farmacéuticas no son almas bellas y su propósito esencial, como toda industria privada que se precie de serlo, es la generación de beneficios. Cuanto más, mejor. Pero de ahí no se infiere en absoluto que todo medicamento que produzcan y vendan sea nocivo para nuestra salud. Sería falaz razonar de esta forma. También lo será si argumentáramos de esta forma en el caso de las vacunas.

No hay relación causal, en general, entre el interés mercantil y la bondad epistémica y práctica de una vacuna o de cualquier otro fármaco, técnica o teoría. Son asuntos independientes, temas que debemos diferenciar para no confundirnos... y para evitar que nos confundan.

En el caso de las vacunas, no hay que olvidar además que los grandes descubrimientos han sur-

14. Agencia Europea de Medicamentos (EMEA); Food and Drug Administration (FDA) de EUUU.

gido en su inmensa mayoría de la investigación pública o de fundaciones privadas sin verdadero ánimo de lucro. Son estos resultados de la investigación los que la industria privada aprovecha para obtener sus productos y su posterior comercialización. Por lo demás, ya lo hemos comentado, los mayores beneficios de la industria farmacéutica no provienen de la venta de vacunas (aquí no hay cronificación: en general basta con una primera inmunización y una dosis de refuerzo; tampoco hay tratamiento ya que la enfermedad no se produce). Los últimos datos que se conocen apuntan que apenas el 2% de la facturación mundial de estas industrias está relacionada con la producción y venta de vacunas.

9

¿Pueden las vacunas producir autismo?

Las vacunas contra la reciente pandemia de gripe A se consiguieron a inicios del otoño de 2009. La Comisión Europea autorizó para toda Europa varias vacunas que se aplicaron en España. Novartis, GlaxoSmithKline y Sanofi-Pasteur son tres de las compañías que las elaboran en nuestro país[15]. Se afirmó que esas vacunas llevaban como conservante un compuesto orgánico de mercurio, el polémico timerosal. Este conservante, indicaron ciertos sectores antivacunas, puede producir algunos daños neurológicos como el autismo en los niños (recordemos lo manifestado por Jim Carrey y Eduard Antequera a mediados de 2015).

15. Otros laboratorios que también las producen y comercializan: Abbott, Leti, Grupo Solvay Pharma, Laboratorios Esteve, Nuron Biotech, Baxter S.L., etc.

Veámoslo con algo de detalle.

El timerosal, también conocido como tiomersal, es un compuesto mercurial orgánico utilizado como conservante, es una molécula que contiene etilmercurio y tiosalicilato para impedir la proliferación de bacterias y hongos en el preparado. Si bien es cierto que se usó en la elaboración de algunas vacunas –es un problema clásico: todo producto biológico necesita un conservante; si no es así, se puede estropear muy rápidamente–, también lo es que cada vez son menos las vacunas que contienen timerosal.

En estos últimos años se ha estado eliminando este conservante de la mayoría de las vacunas; en España, actualmente, ninguna de las vacunas del calendario infatil lo incorpora. Por otra parte, lleva más mercurio cualquier lámpara fluorescente, o cualquiera de las lámparas nuevas de bajo consumo que nos han obligado a adquirir y usar de forma generalizada sin instrucciones de cómo actuar en caso de rotura, que el que puede o podía llevar una vacuna.

La cantidad de timerosal que incorporan algunas vacunas puede causar muy pocos efectos. En ocasiones se ha afirmado que la presencia de esta sustancia ha provocado un incremento del autismo en las poblaciones. La Audiencia Nacional española, por ejemplo, admitió a trámite una reclamación de responsabilidad patrimonial al Ministerio de Sanidad y a los laboratorios GlaxoSmithKline, Sanofi Pasteur MSD, Wyeth, Lederle y Berna Biotech España, fabricantes tiempo atrás de vacunas con timerosal, por los posibles daños causados. La demanda fue impulsada por la Asociación Vencer el Autismo (AVA) y la Asociación para Protección Ambiental a través del Ecoturismo y en la Defensa de la Salud (ANDECO), en nombre de 59 familias.

Pero, de hecho, no es el timerosal propiamente el responsable. Se habla de que el mercurio orgánico puede determinar autismo. Pero esta opinión, con todos los respetos y cautelas que sean necesarios, es más bien una moda. Los expertos señalan que no hay ninguna evidencia hasta la fecha de que el autismo esté causado por el mercurio; todas las afirmaciones que se han realizado sobre ello han sido desmentidas posteriormente por los estudios científicos llevados a cabo.

El autismo es un problema muy complejo. Enlazarlo con una sola causa sería equivalente a afirmar que la depresión o los trastornos psicóticos, la esquizofrenia por ejemplo, los causa un determinado producto. No, no es así. Se trata de problemas muy, pero que muy complejos en los que intervienen muchos factores externos e internos. Es muy improbable que los compuestos orgánicos de mercurio puedan determinar autismo y más en las vacunas porque, si efectivamente el timerosal determinase autismo, tendríamos que tener en cuenta que la mayoría de nosotros, millones y millones de personas (la población española supera los 46 millones), hemos recibido timerosal. Muchos estamos vacunados contra varias enfermedades y, en la época en que se nos vacunó, las vacunas contenían timerosal. Bajo el supuesto que estamos admitiendo, el porcentaje de autismo se hubiera incrementando mucho entre la población española. Y no ha sido así, no es así.

Hay que tener en cuenta además que, por una parte, el concepto de autismo ha variado, incluyéndose en él casos que antes no se condiseraban como tales; y, en segundo lugar, que las estadísticas de estos últimos años son mucho más completas. De haber un incremento las razones podrían ser otras muy distintas, dada la complejidad, como señalábamos, de esta afección en la que inciden numerosos factores: condiciones de vida, el ambiente familiar, psicológico, etc. El autismo es un trastorno de base genética en el que es muy probable que estén implicados múltiples factores epigenéticos. Se requieren más estudios para dilucidar cuáles y en qué medida influyen.

Más aún. En Dinamarca, la referencia es ilustrativa, se dejaron de utilizar vacunas con timerosal en 1990. Si el timerosal tuviera alguna implicación con el autismo, se debería esperar que la incidencia disminuyera al recibir los niños estas vacunas libres de mercurio. Sin embargo, no sólo no disminuyó sino que siguió aumentando en la misma proporción que lo venía haciendo, y siguiendo la misma tendencia observada en otros países. En California se llevó a cabo un estudio similar, valorando la incidencia de autismo desde 1995 hasta 2007. A partir de 2001 se había empezado a reducir la administración de vacunas con timerosal, y a partir de 2004 se había eliminado por completo. A pesar de ello, los casos de autismo se incrementaron año tras año, y no se observó ningún declive en los últimos años.

El principal trabajo científico que apoyaba un vínculo entre la vacuna triple vírica, enfermedades gastrointestinales y trastornos del neurodesarrollo relacionados con el autismo[16] desató tras su publicación una gran controversia en la comunidad científica. En 2010, una investigación del Consejo Médico General del Reino Unido determinó que el autor de dicho estudio, Andrew Wakefield, había violado protocolos éticos, no informó de serios conflictos de intereses y falsificó datos de su publicación. El Consejo decidió suspenderlo del ejercicio de la práctica médica en el Reino Unido. A la vista de dicho informe, la revista *The Lancet* decidió retirar el artículo de Wakefield[17] por fraude y por no considerarlo válido científicamente.

16. Wakefield AJ, Murch SH, Anthony A et al. "Ileal-lymphoid-nodular hyperplasia, non-specific colitis, and pervasive developmental disorder in children". *The Lancet* 351: 637–641,1998.

17. Inencontrable actualmente en edición no impresa.

10

¿Son más eficaces los insecticidas o las vacunas para luchar contra los agentes infecciosos?

Así ha sido cuando el agente infeccioso es transmitido por vectores animales que son insectos. Es el caso de la pulga, vector de la peste bubónica clásica que conocemos por la literatura[18]. En el *Decameron* de Boccaccio, los protagonistas se retiran a una finca porque la peste negra estaba causando una devastación enorme en Roma. La pulga se elimina con insecticidas y el reservorio, la rata, con raticidas. La eliminación del piojo corporal (*Pediculus corporis*), transmisor del tifus exantemático, o la del mosquito del genero *Anopheles*, vector y reservorio del paludismo, serían dos ejemplos más.

18. En los años 80 del siglo XX aún existían casos en el sudeste asiático.

Un agente infeccioso, como ya hemos indicado, puede ser transmitido de múltiples formas. A través del contacto persona a persona; a través del agua, los alimentos, el aire, etc. Cualquier medio que pueda vehicular a un agente infeccioso concreto.

Los seres humanos no somos una especie doméstica, como puede serlo el ganado. En este caso todos sus componentes son muy homogéneos; nosotros, en cambio, somos muy heterogéneos en nuestra biología (el llamado polimorfismo). La resistencia o vulnerabilidad a las enfermedades depende de ello. Solemos fijarnos en rasgos secundarios, en las diferencias de color de nuestra piel (que depende solamente de la cantidad de melanina), y en cambio, entre nosotros, los autores de este libro, pueden haber diferencias biológicas en centenares de características que no se ven, que son factores bioquímicos, inmunológicos, etc.

En cualquier epidemia hay personas que resisten a la infección, lo que no quiere decir, en ningún caso, que la siguiente generación sea igual de sensible que la anterior. Los descendientes no son iguales que sus padres. La recombinación genética que se produce durante la reproducción hace que los hijos puedan presentar rasgos distintos a los de sus progenitores. Una madre y un padre morenos pueden tener un hijo rubio porque éste tiene un abuelo o un tatarabuelo también rubio. Hay rasgos genéticos regulados por las leyes mendelianas de la herencia; hay otros, de herencia no mendeliana, transmitidos de forma mucho más compleja.

Que una generación haya pasado una epidemia, no implica de ningún modo que la siguiente generación sea resistente. La inmunidad adquirida no es heredable. La afirmación contraria es un error, aunque es un presupuesto muy extendido. Debemos tomar consciencia de su inexactitud.

11

¿Se ha erradicado la viruela del mundo?

Se ha erradicado. Con ella, contra ella, se ha conseguido un gran éxito científico y de salud pública. Como también hemos indicado, es la primera enfermedad que se ha logrado eliminar en todo el mundo. Desgraciadamente siguen teniendo depósitos los Estados Unidos y Rusia. Inglaterra y Francia no lo reconocen públicamente, pero seguramente deben tenerlos a pesar de que la OMS pidió que se destruyesen todos los depósitos antes del año 2000. Sin embargo, no se hizo caso de esta recomendación. ¿Por qué?

Por una razón muy sencilla, en absoluto admisible éticamente.

A principios de los años ochenta del siglo pasado, la OMS declaró que nuestro planeta no había tenido ningún caso de viruela desde hacía veinte años y que, por tanto, el mundo estaba libre de viruela. Los últimos casos de esta enfermedad ocurrieron en Somalia, en el cuerno de África, en los años sesenta o setenta del siglo pasado. Se consideró entonces prudente dejar pasar un período de unos veinte años. Como no hubo ningún otro caso, casi todo el mundo estaba vacunado, la OMS declaró que no había viruela en el mundo, que ya no era necesario vacunarse contra ella. Casi todas las personas, a partir de determinada edad, tenemos la marca de esta vacuna, pero no así entre las personas más jóvenes. Basta que hagamos una pequeña encuesta en nuestro lugar de trabajo; podremos comprobar que ninguno de ellos está vacunado.

Es fácil imaginar las razones por las que los ejércitos que poseen armas biológicas mantienen este virus: por su gran eficacia mortífera en las actuales circunstancia de no vacunación generalizada.

Hay un sector de la población al que sí vacunan contra la viruela: los soldados del ejército de EEUU. ¿Por qué? Porque mantienen depósitos del virus. Lo justifican afirmando que los usan para investigación. Pero, ¿para qué íbamos a investigar sobre una enfermedad que ya ha desaparecido?

Esta es actualmente, en nuestra opinión, el arma biológica más potente.

Hubo una situación que creó alarma a finales de los años ochenta, principios de los noventa. Cuando la OMS ya había dicho que no había que vacunarse contra la viruela, que no había peligro, aparecieron tres casos en Manchester. Una médico murió y otras dos personas quedaron afectadas (no podemos asegurar si murieron ambas o si una de ellas logró sobrevivir finalmente). ¿Cómo pudieron darse tres casos de viruela en esa ciudad inglesa en aquella época? La respuesta es sencilla: eran médicos militares. ¿Qué estaban manipulando, en qué estaban trabajando?

Preguntas relevantes que, desgraciadamente, no podemos responder con certeza pero sobre las que podemos pensar conjeturas muy razonables.

12

¿Es posible la cooperación entre países pobres en temas relacionados con la vacunación?[19]

Hablamos de "cooperación triangular" cuando instituciones de dos países del llamado Tercer Mundo se unen para ayudar a un sector de población necesitada de un tercer país también pobre. El apoyo para la vacunación contra la meningitis de millones de personas en varios países de África que, desde hace años, llevan a cabo Cuba y Brasil es un buen ejemplo de ello. Esta iniciativa conjunta cubano-brasileña ha sido ignorada por la gran prensa de los países ricos, con excepción de

19. Véase José Manzaneda, "Vacunas de Cuba y Brasil salvan miles de vidas en África, pero los medios solo hablan de las de Bill Gates". http://www.cubainformacion.tv/index.php/lecciones-de-manipulacion/ 47621-vacunas-de-cuba-y-brasil-salvan-miles-de-vidas-en-africa-pero-los-medios-solo-hablan-de-las-de-bill-gates

alguna revistas especializadas. Las grandes compañías farmacéuticas de los países desarrollados, importantes clientes publicitarios de esos medios, salen bastante mal paradas de esta historia. Veamos por qué.

A mediados de 2006, la OMS lanzó un SOS internacional. Se necesitaba la producción masiva, al coste más reducido posible, de la vacuna contra la meningitis A y C, con destino a los 23 países del llamado "cinturón de la meningitis" africano. Sólo una multinacional –"Sanofi Pasteur"– fabricaba la vacuna pero, dada la baja rentabilidad económica de la comercialización, había reducido drásticamente sus volúmenes de producción. África estaba al borde de la emergencia sanitaria.

La OMS pidió a laboratorios públicos y privados de todo el mundo que dieran un paso al frente y encontrasen la manera de fabricar millones de vacunas a bajo coste. Ninguna multinacional respondió; sí lo hicieron dos laboratorios públicos de sendas naciones del Tercer Mundo: el Instituto Finlay de Cuba y el Instituto Bio-Manguinhos de Brasil se asociaron para la creación de la vacuna vax-MEN-AC, específica para los tipos de meningitis que afectan a la región africana.

En Cuba se produce el principio biológico y en Brasil se desarrolla el resto del proceso de producción, incluyendo la liofilización y el envasado. El precio final de cada dosis se redujo más de veinte veces. De los casi 20 $ USA de la vacuna comercializada por la multinacional, a un precio inferior a los 95 centavos de dólar la fabricada por el acuerdo cubano-brasileño. Desde entonces, la alianza Brasil-Cuba ha permitido fabricar millones de vacunas para África, que son adquiridas y distribuidas por entidades como la propia OMS, UNICEF, Médicos Sin Fronteras y la Cruz Roja Internacional. En un artículo publicado en *Science*, Halla Thorsteinsdóttir, investigadora de la Universidad de Toronto (Canadá), ensalzaba este gran ejemplo de cooperación y proponía fomentarlo en todo el mundo.

Los gobiernos de estos dos países han seguido colaborando en proyectos sanitarios de cooperación triangular. La colaboración cubano-brasileña apoya también, desde hace varios años, la reconstrucción del Sistema de Salud Pública de Haití.

A pesar de su gran e innegable relevancia informativa, estas iniciativas de cooperación a gran escala no merecenn ni el más pequeño espacio en los grandes medios internacionales, lo que contrasta con la cobertura de las acciones sanitarias en África que son financiadas por la fundación Gates, por no hablar de proyectos de mínimo impacto sostenidos por empresas privadas, algunas del propio sector farmacéutico. La razón de este silencio es evidente: contradice de raíz conceptos convertidos en verdades incuestionables por la línea editorial de los grandes medios. Estos dos, por ejemplo:

1. Que la única forma posible de cooperación internacional es la llamada "cooperación Norte-Sur", es decir, la entrega de recursos desde los países del llamado Primer Mundo a los del Tercero para que éstos adquieran bienes producidos en los países "benefactores". Los esquemas de cooperación que hemos comentado desmontan absolutamente este "indiscutible postulado Norte-Sur".

2. Que el mercado y la empresa privada –las multinacionales sanitarias en este caso– ofrecen siempre soluciones más eficientes a las necesidades de la población que las iniciativas públicas. La cooperación Cuba-Brasil en África demuestra justo lo contrario. Millones de seres humanos desatendidos por el mercado consi-

guen solucionar una necesidad vital a partir de la voluntad política de dos gobiernos tildados o caracterizados como "tercermundistas"... o con términos mucho más peyorativos.

13

¿Es peligrosa la difteria?

La difteria es una infección aguda causada por una bacteria denominada *Corynebacterium diphtheriae*. Se propaga de persona a persona a través de las gotitas respiratorias, como las que se producen con la tos o los estornudos, de una persona infectada o de alguien que porte la bacteria pero que no tenga ningún síntoma. También por lesiones de la piel, así como por leche contaminada y fómites[20].

20. Un fómite es cualquier objeto carente de vida o sustancia que es capaz de transportar organismos infecciosos –bacterias, virus, hongos, parásitos– desde un individuo a otro. Células de la piel, pelo, vestiduras y sábanas son fuentes de contaminación en hospitales. Los fómites están asociados con las infecciones relacionadas con la atención de salud (iaas, por sus siglas), las antiguamente conocidas como infecciones intrahospitalarias.

La bacteria infecta generalmente cavidades respiratorias: la nariz y la garganta. Los síntomas se presentan de 1 a 7 días después del contagio. La infección de garganta produce una seudomembrana o cubierta de color gris-verdoso, dura y fibrosa que puede obstruir las vías respiratorias. El enfermo presenta dolor faríngeo, disfagia, náuseas, vómitos, cefalea y fiebre alta. Es característica la presencia de ganglios dolorosos en la parte anterior del cuello y, a veces, un gran edema conocido como "cuello de búfalo". El paciente se encuentra muy debilitado y con aspecto de padecer una grave enfermedad. La alteración respiratoria puede ser muy grave y conducir a la muerte por asfixia si no se trata a tiempo.

Una vez que se produce la infección la bacteria genera sustancias peligrosas llamadas toxinas, las cuales se diseminan a través del torrente sanguíneo a otros órganos, como el corazón y el cerebro, y causan daños importantes de forma tal que a partir de cierto momento son irreversibles y causan también la muerte.

Gracias a la vacunación (inmunización) generalizada de los niños, la difteria ahora es poco común en muchas partes del mundo. En España, hasta el verano de 2015, hacía 30 años que, no se había dado ningún caso. En los años 80 del pasado siglo se había alcanzado, gracias a la vacunación, la inmunización de prácticamente toda la población.

Los factores de riesgo para esta infección son, entre otros: ambientes de hacinamiento, higiene deficiente y, sobre todo, la falta de vacunación. La vacunación ha conseguido que la difteria disminuya radicalmente, sin embargo en algunos países pobres la enfermedad sigue siendo endémica. Cuando se abandona la vacunación por empeoramiento de las condiciones de vida, se detecta un importante incremento de casos. En los países de la antigua Unión Soviética, a partir de su desmembramiento en 1991 y la introducción del llamado "libre mercado", se observó un importante incremento de los casos de difteria que afectó especialmente –tal como señalan Soriano García y Fernádez Roblas[21]– a personas mayores de 15 años con un pico en 1995 (más de 50.000 casos) y con una mortalidad del 2-20% según los territorios.

Una vez diagnósticada la difteria, el tratamiento

21. Dos grandes especialistas en enfermedades infecciosas.

con antibióticos y, en su caso, con la antitoxina diftérica debe empezar de inmediato, pues a partir de cierto punto es irreversible.

Puede ser leve o grave. Algunas personas pueden no tener síntomas o ser simplemente transmisoras, mientras que en otras, la enfermedad puede empeorar lentamente (el poliformismo humano del que ya hemos hablado). La recuperación de la enfermedad es lenta; la complicación más común es la inflamación del músculo cardíaco (miocarditis). El sistema nervioso puede verse afectado en forma grave y frecuente, lo cual puede ocasionar parálisis temporal.

La forma más efectiva de control ante la difteria es mantener el más alto nivel de vacunación en la comunidad. Otros métodos incluyen el pronto tratamiento de casos y mantener un programa de vigilancia epidemiológica. Cualquiera que tenga contacto con una persona con difteria debería ser examinada en busca de la bacteria y tratado con antibióticos. En España, y en la mayoría de países, la difteria está en la lista de enfermedades de declaración obligatoria.

La introducción de la vacuna antidiftérica implicó una fortísima disminución de la incidencia de la enfermedad, hasta prácticamente su desaparición en muy pocos años. Esto se observa claramente en la siguiente figura, en la que se muestra la curva de mortalidad por 100.000 habitantes en Nueva York e Inglaterra y Gales. Antes de 1930 en Nueva York morían alrededor de 40 personas por cada 100.000 habitantes; a partir de 1930, cuando se había alcanzado una inmunización del 50% de los niños, la mortalidad disminuyó rapidísimamente hasta situarse en alrededor de 0,1 por 100.000 en 1940 (la escala de la ordenada de la figura es logarítmica).

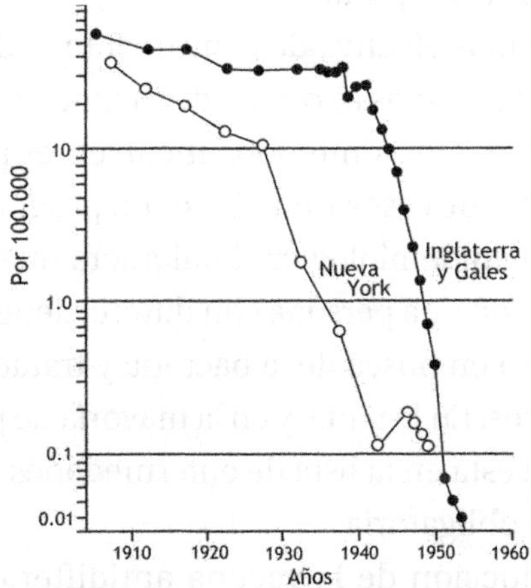

Fig. 1. Curva de mortalidad por 100.000 de la difteria en Nueva York, Inglaterra y Gales en los últimos sesenta años.

De forma similar, en Inglaterra y Gales la mortalidad por difteria de cerca de 60 por 100.000 antes de 1940, el año en que se alcanzó por primera vez una vacunación del 50% de los niños, disminuyó al 0,01 por 100.000 en la década de los 50. Como ha indicado Sir McFalarne Burnett, microbiólogo y epidemiólogo australiano, unas 20.000 personas dejaron de morir anualmente.

¿Desde cuándo se vacuna en España contra la difteria? Aunque se inició en 1945, las campañas masivas de vacunación combinada comenzaron en 1965 mediante dos procesos anuales, junto a la vacunación antipoliomielítica oral, destinadas a los niños que tenían entre tres meses y tres años. En 1967 se decidió añadir una tercera dosis.

¿Está la población española correctamente inmunizada contra la difteria? En torno al 95% de los niños están correctamente protegidos. La incidencia (no la mortalidad) media anual de difteria en España era de casi 1.000 casos por 100.000 habitantes en 1941. A partir de entonces, gracias a las citadas campañas de vacunación, los casos se fueron reduciendo. En 1987 se registró el último caso; el del niño de Olot no vacunado, del que antes hemos hablado, ha sido el primero desde entonces.

Según la OMS, más del 83% de los niños de todo el mundo están correctamente vacunados, lo que salva anualmente unos 2,5 millones de vidas. En 1943 se dieron un millón de casos de difteria y 50.000 muertes solo en Europa; en 2013, fueron únicamente 3.300 muertes en todo el mundo.

14

¿Qué es el Ébola?

El virus Ébola pertenece a la familia Filoviridae y está englobado en un grupo de agentes infecciosos que originan fiebres hemorrágicas. El brote actual de Enfermedad por Virus Ébola (EVE) en África occidental tiene una letalidad del 60% aproximadamente.

Los virus de este grupo se transmiten por contacto directo entre las personas: a través de la sangre, por secreciones de animales u otros pacientes infectados vivos o fallecidos. Si no se establecen las medidas de control adecuadas alrededor del paciente pueden aparecer casos secundarios. Es indispensable identificar rápidamente la enfermedad; la ausencia de sospecha ha sido una de las causas de su extensión en el reciente brote.

Una característica diferencial del brote actual es

su localización geográfica. Es el primero que afecta a Guinea, Sierra Leona y Liberia. Los anteriores brotes habían aparecido en la República Democrática del Congo, Gabón, Sudán, Uganda y Costa de Marfil.

En el brote actual de EVE, la forma de transmisión y la clínica no se diferencian de los brotes anteriores. Su origen se ha relacionado con un niño que había estado jugando con murciélagos. Los murciélagos son un posible reservorio de virus aunque bien poco se conoce hasta el momento de su ciclo de vida. En la mayoría de los brotes anteriores el origen era desconocido.

El origen de una infección en zona endémica se relaciona con el contacto con animales vertebrados, monos, antílopes o murciélagos infectados, muertos o vivos. Aparece en brotes esporádicos localizados en determinadas zonas geográficas y nos es desconocido su alcance. Tras un período de incubación de 2 a 21 días, produce un cuadro clínico inespecífico al inicio –de ahí la dificultad en identificar la enfermedad– en un paciente caracterizado por aparición de fiebre elevada, dolores musculares, debilidad, dolor de cabeza y garganta. Posteriormente origina vómitos, diarrea, erupción cutánea y afectación grave en hígado y riñón por hemorragías. Algunos casos presentan sangrado profuso externo e interno. En la etapa final los pacientes presentan un fallo masivo multiorgánico.

El número de casos en el último brote (2014) alcanzó la cifra de 26.755 con 11.072 muertes, siendo Sierra Leona el país con mayor número de casos (12.536 casos, 3.904 muertes) seguido de Liberia.

Ante la expansión del brote en África y el número de afectados, el 8 de agosto de 2014 la OMS declaró la epidemia de Ébola como una emergencia sanitaria de importancia internacional. En España comenzamos a recibir viajeros con sospecha de Ébola en junio de 2014 y hasta la fecha todos los meses se ha activado el protocolo de alerta sanitaria. La presencia de un brote activo en zona endémica supone un riesgo para la aparición de casos en otras zonas del mundo. Desde el principio de la epidemia y hasta el 9 de abril de 2015, 65 personas han sido evacuadas o repatriadas desde las regiones afectadas; 38 de ellas han llegado a Europa. A partir de una de las personas repatriadas a España se ocasionó el primer caso secundario de Ébola fuera de África.

Según ha anunciado la OMS, la nueva vacuna del

Ébola que se está probando en Guinea desde marzo de 2015 parece tener una gran efectividad. Pero los resultados son aún preliminares. En los próximos meses se continuará vacunando a la población en riesgo para comprobar si se genera inmunidad de grupo, es decir, si se consigue que el virus deje de propagarse aunque haya una buena parte de la población que no esté vacunada. Es un paso esencial para detener esta epidemia. La vacuna debería llegar cuanto antes a Liberia y Sierra Leona.

En las pruebas realizadas se ha seguido una estrategia de vacunación en anillo. El centro de cada anillo es un infectado; se vacuna a todas las personas que, por cualquier motivo, han estado en contacto estrecho con ella. En total, recibieron inmunización más de 4.000 personas. El primer grupo fueron familiares, vecinos y compañeros de trabajo de 100 infectados; el segundo son unos 1.200 médicos y sanitarios, los trabajadores que han llevado a cabo los ensayos clínicos junto a la OMS.

La vacuna, la VSV-EBOV, ha sido desarrollada por la Agencia de Salud Pública de Canadá; la licencia está en manos de la compañía farmacéutica estadounidense Merck. Un ejemplo más de investigación e innovación pública, y producción y beneficio crematístico privado. Llega un año y medio después del anuncio oficial de la epidemia. Aunque parece muy efectiva, un panel internacional de expertos ha determinado que el ensayo debe seguir para probar si, como hemos señalado, genera inmunidad de grupo. El ensayo, anunciado en el momento en que escribimos, incluirá a adolescentes de 13 a 17 años de edad y posiblemente a niños de 6 a 12 años. Los resultados preliminares se publicaron en *The Lancet*[22] a mediados de agosto de 2015.

22. Revista científica médica británica de gran prestigio y reconocimiento internacional.

15

¿Quiénes formaron parte de los primeros movimientos antivacunas?

En Inglaterra, desde la época de Jenner (primer ensayo de vacuna contra la viruela[23]) siempre ha existido en determinados sectores sociales una reacción contraria a las vacunas, inicialmente muy reacios a la novedad. No sólo en Inglaterra, en el mundo anglosajón en general. En Estados Unidos, ya en el siglo XX, también han sido importantes los movimientos antivacunación. Muchos de los grupos opositores que han surgido en España en estas últimas décadas tienen sus orígenes en movimientos anglosajones, en grupos afines de Estados Unidos e Inglaterra.
Suele ir por épocas. En los años ochenta del pasado

23. *An inquiry into the causes and effects of the variola vaccine.* Edward Jenner (1798).

siglo también hubo en nuestro país una oleada de personas partidarias de no vacunarse.

Así, pues, de entrada, la cuestión fue controvertida y, precisamente, en el país donde nació el concepto fue el lugar donde nació la oposición a la vacunación. Las revistas generales de la época, *Punch*[24] por ejemplo, estaban llenas de dibujos satíricos contra la "teoría" de la vacunación de Jenner. En algunos de esos dibujos se ven personas a las que les salen los cuernos de las vacas. Empero, como hemos visto, uno de los grupos que vieron rápidamente su efectividad y que fueron grandes difusores de la vacunación fueron los científicos españoles de aquella época que contribuyeron a la vacunación de la población americana.

Curiosamente, algunas décadas antes de Jenner el príncipe heredero británico fue "vacunado" según un método turco traído por el embajador de Gran Bretaña en el Imperio Otomano. Por supuesto: antes de inmunizar al príncipe, como me-

24. Revista británica de humor y sátira publicada entre 1841 y 1992 y, posteriormente, de 1996 a 2002. Fundada el 17 de julio de 1841 por Henry Mayhew y el grabador Ebenezer Landells.

dida empírica de seguridad, se "vacunó" a los criados de la corte. Las desigualdades sociales también jugaron su papel en el ámbito de la vacunación.

Suele afirmarse en ocasiones que las personas y familias que mantienen posiciones críticas frente a la vacunación se ubican en posiciones progresistas de izquierda. No siempre es así. Michelle Bachmann, la que fuera aspirante a la candidatura del partido republicano a la presidencia de los EEUU en 2012, es contraria a la vacunación. Realiza un tenaz proselitismo en estos temas y de progresista –en el buen sentido de la palabra y del concepto– tiene bien poco. Una gran parte de la derecha conservadora de EEUU mantiene estas posiciones.

Sorprende que grupos críticos de la vacunación se consideren en nuestro país progresistas, entendiendo por "progresista" apostar por la racionalidad científica y estar a favor del bienestar público, la justicia social y el avance del conocimiento. La no vacunación no abona ni está relacionada con ningún sendero que nos aproxime a estas deseables finalidades.

16

¿Cómo defienden su posición las personas contrarias a las vacunas y a la vacunación?

Las razones son variadas, no son unánimes ni homogéneas.

En el mundo anglosajón, el pensamiento antivacunas suele alimentarse de la incorrecta creencia de que la vacunación no es natural, que es un proceso artificial, y que hay que dejar que las enfermedades infecciosas sigan su curso espontáneo. Hay que defenderse de ellas, afirman, siempre de manera natural. Admitámoslo por un momento; si obráramos así, pondríamos en peligro –de hecho morirían– millones de personas en todo el mundo.

Vacunando, dicen otros colectivos, no seleccionamos y estamos haciendo más débil a la población. La consideración es errónea, además de merecer calificativos morales y filosóficos más contundentes. Por más epidemias que haya sufrido la población humana nunca se ha hecho resistente a la peste, a la viruela o a la gripe de forma natural. En toda epidemia siempre hay gente que muere y gente que no; cualquiera que haya leído literatura médica puede saberlo.

Desde un punto de vista estrictamente científico, desde el marco conceptual en el que se mueve la ciencia médica, no hay ninguna razón admisible contra la vacunación. Podemos analizar con más detalle el tema riesgo-beneficio al que antes aludíamos. Es evidente que, en general, todo tiene un riesgo y un beneficio. Aquí, en el caso de la vacunación, el balance no ofrece discusión: son indudables sus beneficios. Cuando uno de los autores de este texto ejercía la medicina en urgencias, algunos niños con difteria se morían de ahogo si no se les hacía una traqueotomía. Los niños que tenían tos ferina se pasaban meses con enormes sufrimientos. Estaban también las epidemias de tifus. En la medicina actual, todo eso, afortunadamente, ha desaparecido. La vacunación ha sido, pocos médicos podrán negarlo, el arma más potente que hemos tenido para prevenir enfermedades, sobre todo entre los sectores más pobres de población que no han tenido acceso a condiciones sanitarias adecuadas, tanto en los países ricos (con las enormes desigualdades por todos conocidas) como en los países pobres. No existe incertidumbre alguna en este asunto.

Las vacunas son, además, más efectivas que los medicamentos. Desde que existen los antibióticos, una difteria, una tos ferina, son tratables con ellos. Pero es muchísimo más efectivo tener a la población vacunada. De este modo se ha conseguido que prácticamente no tengamos ningún caso de esas enfermedades.

La argumentación que esgrimen los grupos contrarios no tiene nada que ver con una explicación rigurosa y precisa que tenga fundamento científico o que parta o acepte la lógica de la metodología científica. Puede responder en algunos casos a motivaciones emocionales, religiosas, etc. Hay incluso colectivos que sostienen que las vacunas son una abominación, una práctica diabólica. Con este tipo de consideraciones nos ayudamos poco. Su lejanía de cualquier marco de saber documentado es más que evidente.

Cualquier medicamento, por lo general, puede tener más reacciones adversas que las vacunas. Cuando tomamos un analgésico, un antibiótico o un antiepiléptico, potencialmente podemos tener una frecuencia mayor de reacciones adversas. En el caso de los medicamentos acostumbran a ser de alrededor un 5% de los tratamientos; en el de las vacunas estamos hablando de reacciones leves por cada 10.000 o incluso por cada 100.000 vacunaciones.

El hecho de que algunas familias no vacunen a sus hijos significa un riesgo, primero para los no vacunados, y tiene además repercusiones negativas en el conjunto de la sociedad. Por debajo de cierta proporción de población vacunada, la población deja de estar protegida y la incidencia de determinadas enfermedades infecciosas aumenta entre la fracción de población no vacunada. Esto se constató muy bien en 2011. En el primer cuatrimestre se incrementó entre 5 y 10 veces la incidencia de varias patologías infecciosas –especialmente tos ferina, etc–, debido a la elección de no vacunarse de determinados sectores de población.

Como hemos dicho, hemos vivido un caso trágico de difteria en Cataluña, una "muerte pequeña" que nuestra que aunque el porcentaje de personas no vacunadas no sea muy elevado, si el grupo está muy concentrado en un área determinada, puede representar un grave peligro para ellos mismos y, también, para la comunidad en general.

¿Por qué entonces hay personas que no se vacunan y no enferman? La razón se explica con una ecuación matemática, unos algoritmos que los epidemiólogos establecen con precisión. Cuando la cantidad de personas vacunadas contra una enfermedad alcanza una cifra determinada, que variará según el tipo de epidemia y el vector que la transmite, el éxito y la protección pueden alcanzarse. Así se observa claramente en la figura de la curva de mortalidad de la difteria mostrada anteriormente. Cuando se inmunizó a un 50% de los niños (tanto en Nueva York como años después en Inglaterra y Gales) cayó abruptamente la mortalidad por esta afección. A partir de un determinado nivel (que es variable) de población vacunada el riesgo de infección es prácticamente nulo.

Los grupos contrarios a la vacunación también arguyen en ocasiones que este tipo de enfermedades desaparecen solas y que la población se inmuniza de forma natural. La afirmación no tiene ningún fundamento. La epidemiología muestra las oscilaciones periódicas de incidencia y la persistencia de las enfermedades infecciosas, cómo desaparecen en las poblaciones vacunadas y cómo persisten en aquellas que no lo están.

17

¿Qué son los virus emergentes?[25]

Los virus "emergentes" son aquellos que aparecen en una población o zona geográfica en la cual no habían sido descritos hasta el momento. Hablamos de reemergencia cuando se produce un aumento de casos en una población anteriormente infectada o también en su expansión geográfica de una forma brusca.

Existen diferentes factores que influyen en estos fenómenos de emergencia y reemergencia. Por un lado, los inherentes al virus, su mutación para una mejor adaptación, mayor en los virus cuyo material genético es RNA en lugar de DNA; por

25. Véase Juan García Costa, "Virus emergentes: revisión y reflexiones sobre el problema de nuestro entorno" CBCAT, Julio de 2015, pp. 10-16.

otro, los asociados a la susceptibilidad de la población a la infección. Entre estos últimos cabe destacar el cambio climático (calentamiento global, inundaciones que modifican nichos ecológicos, etc) o el avance en los sistemas de comunicación que conlleva una mayor rapidez en el transporte facilitando el traslado de estos agentes en poco tiempo de una zona a otra muy distante, desapareciendo así el "efecto cuarentena" anteriormente originado por el tiempo necesario para trasladarse.

Otro factor a tener muy en cuenta es el mayor acercamiento de poblaciones humanas a zonas en cuyos nichos ecológicos estén presentes estos virus: deforestación, agricultura, caza, turismo, aumentos poblacionales que ocasionan déficits en salubridad o en atención sanitaria, migraciones masivas. Por último, el aumento de métodos de explotación masiva y el estrecho contacto con animales en zonas endémicas (pollos, cerdos, aves, etc.) hace que se incremente exponencialmente el riesgo de aparición de casos humanos de infección por virus llamados zoonóticos, que son aquellos que tienen en las especies animales sus huéspedes naturales.

Si se analizan los factores implicados en la aparición de virus emergentes, vemos que los zoonóticos, con genoma ARN que además son transmitidos por artrópodos, son especialmente relevantes. Su tasa de mutación es alta, infectan animales cuyos nichos ecológicos están cambiando, el contacto con algunas poblaciones es cada vez más intenso y, por si faltara algo, los vectores o reservorios se expanden debido al cambio climático. De las grandes situaciones de alerta por enfermedades víricas establecidas por la OMS en los dos últimos años, salvo la producida por el virus de la polio, las otras cuatro han sido producidas por virus zoonóticos transmitidos por vector o reservorio. Estas cuatro alertas han sido producidas por los virus MERS (Middle East Respiratory Syndrome/Síndrome Respiratorio del Próximo Oriente), Gripe A (H7N9), Ébola y Chikungunya.

Unos datos básicos

Desde abril de 2012 a mayo de 2015 se han descrito 1.142 casos de MERS con 465 muertos. Todos estos casos han aparecido en Próximo Oriente o en viajeros que han vuelto de esa zona. En España se han descrito dos casos de infección en personas que habían realizado la peregrinación a La Meca. Es fundamental la sensibilización del personal sanitario para actuar rápidamente ante la sospecha de un posible caso con antecedentes de viaje a esa zona.

En marzo de 2013, un nuevo virus de la gripe aviar, el Influenza A(H7N9), fue detectado en China, originando una alerta sanitaria a nivel regional. Hasta febrero de 2015 se declararon 666 casos y 227 fallecidos.

El virus Chikungunya (VCHIK) ocasiona una enfermedad trasmitida por mosquitos que se manifiesta con dolores articulares incapacitantes de duración variable que pueden prolongarse durante meses y, en algunos casos, hasta años. Es transmitida por mosquitos del género *Aedes* (*A. aegypty* y *A. albopictus* o mosquito tigre). Fue detectado por primera vez en Tanzania en 1952. Cuando el VCHIK emergió en la isla de Lamu en Kenia en 2004 y se extendió posteriormente por casi todas las islas del Índico a inicios de 2005, desplazándose al subcontinente indio y el sudeste asiático en los años siguientes, fue el momento en que despertó un gran interés mundial. La emergencia en el Índico vino acompañada con una mutación en la capa externa del virus. El cambio produjo gran preocupación por la expansión y asentamiento del mosquito en el Mediterráneo. En España, donde el vector está extendido por el litoral Mediterráneo, desde Gerona hasta Granada, incluyendo Baleares, existe la posibilidad real de aparición de casos autóctonos que causarían una alerta sanitaria y social.

En 2014 en el Centro Nacional de Epidemiología (Instituto de Salud Carlos III), el número de casos detectados superó los dos centenares (266 casos en total). Son importados, de personas infectadas fuera de España. En el verano de 2015 pareció detectarse el primer caso autóctono –infectado en España– en Gandía posteriormente desmentido como falso positivo. En la costa mediterránea, la principal preocupación como vector la representa el mosquito tigre. Su expansión parece imparable.

Ya se ha hablado del virus del Ébola. Un apunte sobre el dengue. Los cuatro serotipos del virus dengue (VDEN 1-4) causan la arbovirosis más extendida por todo el mundo: la fiebre del dengue. Se trasmite por mosquitos del género *Aedes*. Los A. aegypty y *A. a albopictus* (tigre) son los más comunes. Este virus es endémico en América, Asia, África y Oceanía. En Europa, después de 80 años de ausencia, reemergió en 2010 con un brote en Croacia y algunos casos autóctonos en la costa azul francesa. En 2012 se registró en Madeira una epidemia de gran magnitud con más de 2.200 casos. No se registraron muertos.

Se estima que en el mundo se producen alrededor de 400 millones de infecciones de dengue por año, la mayoría de ellas asintomáticas. En España se detecta una media de 60 casos importados al año; entre un 10-20% suelen ser casos virémicos (presencia de virus en sangre). El espectro clínico de la enfermedad es muy variado, pudiendo cursar de forma asintomática o con un cuadro de fiebre leve hasta producir casos severos, manifestaciones hemorrágicas que pueden desencadenar "shock por dengue", e incluso provocar la muerte[26].

No debemos olvidar que hasta ahora la enfermedad ha afectado a países pobres. Producir vacunas para estos países no figura entre las prioridades de ninguna empresa farmacéutica. Las desigualdades sociales, ha señalado con razón el epidemiólogo de la universidad Pompeu Fabra Joan Benach, perjudican gravemente a la salud.

26. Con la aceptación de una nueva clasificación clínica en 2009, se incluyen dentro del dengue grave: casos de encefalitis, miocarditis, hepatitis y otras complicaciones. Las causas por la que se presenta clínicamente una forma u otra no se conocen bien.

18

¿Conocemos la cronología de las vacunas?

La conocemos, es la siguiente:

Siglo XVIII: 1ª vacuna

1796: Primera vacuna contra la viruela (recuérdese que la única enfermedad que ha sido eliminada en todo el mundo hasta el momento es esta. Se ha tardado 200 años en lograrlo).

Siglo XIX: (Casi cien años entre la primera y la segunda)

1881: Primera vacuna[27] para el carbunco (ántrax);

27. La obtención de una primera vacuna no implica que sea la definitiva. Tampoco que su uso fuese generalizado. Por ejemplo, en el caso de la difteria se empezó a vacunar en Nueva York a principios del XX pero no se alcanzó una

1882: Primera vacuna para la rabia;
1890: Primera vacuna para el tétanos;
1890: Primera vacuna para la difteria;
1897: Primera vacuna para la peste bubónica.

Siglo XX

1926: Primera vacuna para tos ferina (unos 30 años después de la vacuna de la peste)
1927: Primera vacuna para la tuberculosis;
1937: Primera vacuna para la fiebre amarilla;
1937: Primera vacuna para el tifus;
1945: Primera vacuna para la gripe;
1952: Primera vacuna para la poliomielitis (Salk);
1954: Primera vacuna para la encefalitis japonesa;
1962: Primera vacuna oral para la poliomielitis (Sabin);
1964: Primera vacuna para el sarampión;
1967: Primera vacuna para las parotiditis (paperas);
1970: Primera vacuna para la rubéola;

cobertura del 50% de la población hasta 1930. Fue entonces cuando cayó abruptamente la incidencia de la enfermedad, como se observa en la figura comentada del capítulo 13.

1974: Primera vacuna para la varicela;
1978: Primera vacuna para la meningitis
(*Neisseria meningitidis*);
1981: Primera vacuna para la hepatitis B;
1985: Primera vacuna para la *Haemophilus influenzae* tipo b (HiB);
1992: Primera vacuna para la hepatitis A;
1998: Primera vacuna para la enfermedad de Lyme.

Siglo XXI

2005: Primera vacuna para el virus del papiloma humano (principal factor de riesgo del cáncer de cérvix);
2009: Posible vacuna contra la Hepatitis C;
Primera Vacuna contra la Gripe A (H1N1);
2015: Vacuna contra el Ébola
(en fase de confirmación);
Vacuna universal contra la gripe (en fase de estudio).

19

¿Qué datos tenemos de la vacunación en España?

Para el cálculo de las coberturas de vacunación en España se utilizan las dosis de vacunas administradas en los servicios oficiales de vacunación. No se incluyen las vacunas adquiridas en oficinas de farmacia y administradas por un sanitario privado.

El porcentaje de cobertura de vacunación expresa:
Primovacunación: porcentaje de niños de 0 a 1 año de edad que han recibido tres dosis de vacuna frente a poliomielitis, difteria-tétanos-tos ferina (DTP_a), *Haemophilus influenzae* tipo b (Hib), hepatitis B y dos dosis de vacuna frente a enfermedad meningocócica por serogrupo C.
Vacunación de refuerzo: porcentaje de niños de

1 a 2 años que han recibido una dosis de refuerzo de vacuna frente a poliomielitis, difteria-tétanos-tos ferina (DTP_a), *Haemophilus influenzae* tipo b (Hib) y enfermedad meningocócica C.
Porcentaje de niños de 4 a 6 años que han recibido una dosis de refuerzo de vacuna frente a difteria-tétanos-tos ferina (dTp_a).
Porcentaje de adolescentes de 14 a 16 años que han recibido una dosis de refuerzo con vacuna frente a tétanos-difteria (Td).

Vacunación frente a sarampión-rubéola-parotiditis (SRP): Primera dosis: porcentaje de niños de 1 a 2 años que han recibido una dosis de vacuna SRP.
Segunda dosis: porcentaje de niños de 3 a 6 años que han recibido una segunda dosis de vacuna SRP.

Los datos del Ministerio de Sanidad, de 2014 son los siguientes:
Porcentaje de coberturas de primovacunación (series básicas).
Poliemielitis: 96,6%; DTP c/a: 96,6%; Hib: 96,5%; Hepatitis B: 96,2%; MenC 96,9%.

Porcentaje de coberturas de vacunación de refuerzo.

Vacunación de refuerzo: niños vacunados de 1 a 2 años: Poliemielitis: 94,8%; DTPa: 94,6%; Hib: 94,6%; MenC 95,2%.

Vacunación de refuerzo: niños vacunados de 4 a 6 años: DTPa/DT/dTpa: 91,6%.

Vacunación de refuerzo: adolescentes de 14 a 16 años: Td: 80,6% (82,7% en 2008)

Porcentaje de coberturas de vacunación frente a sarampión-rubéola-parotiditis (SRP):

Primera dosis: niños de 1 a 2 años: 96,1%

Segunda dosis: niños de 3 a 6 años 93% (95% en 2007).

Porcentaje de coberturas de vacunación frente a VPH (virus del papiloma humano) en adolescentes:

Tres dosis de 11 a 14 años: 73,1% (77,2% en 2009)

Excepto en el caso del VPH y de la vacunación de refuerzo de Td en adolescentes de 14 a 16 años, los porcentajes han sido superiores al 90% en 2014. Sin tomar ninguna posición definitiva sobre la vacuna del VPH, el consejo sanitario es que se debería vacunar a toda la población con el resto de vacunas.

A modo de epílogo

Vacunas, ¿sí o no?, ¿cabe la duda? Vacunarse o no vacunarse, ¿es esta la cuestión? No, no lo es.

No existen dudas fundamentadas de la conveniencia y necesidad de la vacunación. Es un punto esencial de la salud pública. Basta pensar en este caso por negación: ¿qué pasaría si dejáramos de vacunarnos?, ¿qué efectos tendría en la salud de todos la no vacunación masiva? Es preferible no pensar en escenarios de estas características.

Los movimientos antivacunas suelen sostener que no pasaría nada o, incluso, que podrían evitarse ciertas afecciones. Estas consideraciones son creencias, peligrosas por sus potenciales consecuencias, sin ningún fundamento contrastado que las respalde.

La cuestión no es, pues, vacunarse o no vacunarse. Es otra la cuestión. La siguiente:

Al escribir sobre algunas de las enfermedades que hemos mencionado en este libro, se puede tener la sensación de aproximarnos a una situación que no es actual, que ha sido superada definitivamente, que hablamos de asuntos que ya han pasado a la historia, temas que son pasado muy antiguo, que no son nuestro presente y mucho menos nuestro futuro. Punto y cierre, a otra cosa.

Sin embargo, como apuntó hace ya medio siglo Sir Macfarlane Burnet, Premio Nobel de Medicina, quedan todavía muchas cuestiones por resolver y, por otra parte, no debemos olvidar que la lucha efectiva contra las enfermedades infecciosas en la mayor parte del mundo, también en nuestro país por supuesto, depende por completo de que se apliquen inteligente e ininterrumpidamente los descubrimientos del pasado y de nuestro presente y, especialmente, que las instituciones democráticas que se precien de serlo apoyen decididamente lo que es una auténtica y verdadera conquista social del conjunto de la Humanidad: la salud pública. De no actuar de esta forma se volvería a situaciones sanitarias del pasado ya superadas o que deberían estar superadas.

Ni que decir tiene que muchos países están lejos de haber conseguido los mínimos imprescindibles y necesarios y que en otros lugares donde se habían alcanzado resultados importantes los huracanes privatizadores y mercantilistas que arropan y estimulan la cosmovisión actualmente dominante, atravesada por el economicismo más ramplón y egoísta, están poniendo en grave peligro unas conquistas que tanto esfuerzo, tenacidad, sufrimiento y lucha ha costado alcanzar. Un ejemplo claro de esta situación que denunciamos fue lo sucedido en los años 90 cuando estalló la Unión Soviética y la esperanza de vida de sus ciudadanos disminuyó drásticamente al empeorar fuertemente sus condiciones de vida y salud.
De nuestra reflexión e información contrastada, toma de posición, organización y acción depende que esos objetivos codiciosos y antihumanistas, especialmente con las poblaciones menos protegidas, no sean alcanzados. Sigamos dando batallas que no están perdidas.

WITHDRAWN
TUALATIN PUBLIC LIBRARY
18878 SW MARTINAZZI AVE.
TUALATIN, OR 97062
MEMBER OF WASHINGTON COUNTY
COOPERATIVE LIBRARY SERVICES